“少年轻科普”丛书

灭绝动物

不想和你说再见

史军 / 主编
陈婷 杨婴 郑炜 / 著

广西师范大学出版社
·桂林·

图书在版编目(CIP)数据

灭绝动物:不想和你说再见/史军主编.—桂林:广西师范大学出版社,2021.1(2022.11重印)
(少年轻科普)
ISBN 978-7-5598-3306-8

Ⅰ.①灭… Ⅱ.①史… Ⅲ.①动物-少儿读物 Ⅳ.①Q95-49

中国版本图书馆CIP数据核字(2020)第194385号

灭绝动物:不想和你说再见
MIEJUE DONGWU: BUXIANG HE NI SHUO ZAIJIAN

出品人:刘广汉　　特约策划:苏　震　玉米实验室
策划编辑:杨　婴　姚永嘉　　责任编辑:杨仪宁　卢　义
助理编辑:孙羽翎　　封面设计:DarkSlayer
内文设计:钟　颖　　插　　画:彭　媛

广西师范大学出版社出版发行
(广西桂林市五里店路9号　　邮政编码:541004
网址:http://www.bbtpress.com)
出版人:黄轩庄
全国新华书店经销
销售热线:021-65200318　021-31260822-898
山东临沂新华印刷物流集团有限责任公司印刷
(临沂高新技术产业开发区新华路1号　邮政编码:276017)
开本:720 mm×1 000 mm　1/16
印张:7.25　　字数:52千字
2021年1月第1版　　2022年11月第2次印刷
定价:48.00元

序
PREFACE

每个孩子都应该有一粒种子

在这个世界上，有很多看似很简单，却很难回答的问题，比如说，什么是科学？

什么是科学？在我还是一个小学生的时候，科学就是科学家。

那个时候，“长大要成为科学家”是让我自豪和骄傲的理想。每当说出这个理想的时候，大人的赞赏言语和小伙伴的崇拜目光就会一股脑地冲过来，这种感觉，让人心里有小小的得意。

那个时候，有一部科幻影片叫《时间隧道》。在影片中，科学家可以把人送到很古老很古老的过去，穿越人类文明的长河，甚至回到恐龙时代。懵懂之中，我只知道那些不修边幅、蓬头散发、穿着白大褂的科学家的脑子里装满了智慧和疯狂的想法，它们可以改变世界，可以创造未来。

在懵懂学童的脑海中，科学家就代表了科学。

什么是科学？在我还是一个中学生的时候，科学就是动手实验。

那个时候，我读到了一本叫《神秘岛》的书。书中的工程师似乎有着无限的智慧，他们凭借自己的科学知识，不仅种出了粮食，织出了衣服，造出了炸药，开凿了运河，甚至还建成了电报通信系统。凭借科学知识，他们把自己的命运牢牢地掌握在手中。

于是，我家里的灯泡变成了烧杯，老陈醋和碱面在里面愉快地冒着泡；拆开的石英表永久性变成了线圈和零件，只是拿到的那两片手表玻璃，终究没有变成能点燃火焰的透镜。但我知道科学是有力量的。拥有科学知识的力量成为我向往的目标。

在朝气蓬勃的少年心目中，科学就是改变世界的实验。

什么是科学？在我是一个研究生的时候，科学就是炫酷的观点和理论。

那时的我，上过云贵高原，下过广西天坑，追寻骗子兰花的足迹，探索花朵上诱骗昆虫的精妙机关。那时的我，沉浸在达尔文、孟德尔、摩尔根留下的遗传和演化理论当中，惊叹于那些天才想法对人类认知产生的巨大影响，连吃饭的时候都在和同学讨论生物演化理论，总是憧憬着有一天能在《自然》和《科学》杂志上发表自己的科学观点。

在激情青年的视野中，科学就是推动世界变革的观点和理论。

直到有一天，我离开了实验室，真正开始了自己的科普之旅，我才发现科学不仅仅是科学家才能做的事情。科学不仅仅是实验，验证重力规则的时候，伽利略并没有真的站在比萨斜塔上面扔铁球和木球；科学也不仅仅是观点和理论，如果它们仅仅是沉睡在书本上的知识条目，对世界就毫无价值。

科学就在我们身边——从厨房到果园，从煮粥洗菜到刷牙洗脸，从眼前的花草树木到天上的日月星辰，从随处可见的蚂蚁蜜蜂到博物馆里的恐龙化石……

处处少不了它。

其实，科学就是我们认识世界的方法，科学就是我们打量宇宙的眼睛，科学就是我们测量幸福的尺子。

什么是科学？在这套“少年轻科普”丛书里，每一位小朋友和大朋友都会找到属于自己的答案——长着羽毛的恐龙、叶子呈现宝石般蓝色的特别植物、僵尸星星和流浪星星、能从空气中凝聚水的沙漠甲虫、爱吃妈妈便便的小黄金鼠……都是科学表演的主角。“少年轻科普”丛书就像一袋神奇的怪味豆，只要细细品味，你就能品咂出属于自己的味道。

在今天的我看来，科学其实是一粒种子。

它一直都在我们的心里，需要用好奇心和思考的雨露将它滋养，才能生根发芽。有一天，你会突然发现，它已经长大，成了可以依托的参天大树。树上绽放的理性之花和结出的智慧果实，就是科学给我们最大的褒奖。

编写这套丛书时，我和这套书的每一位作者，都仿佛沿着时间线回溯，看到了年少时好奇的自己，看到了早早播种在我们心里的那一粒科学的小种子。我想通过“少年轻科普”丛书告诉孩子们——科学究竟是什么，科学家究竟在做什么。当然，更希望能在你们心中，也埋下一粒科学的小种子。

“少年轻科普”丛书主编 史军

目录
CONTENTS

工业文明中逝去的生灵

灭绝的标准

目前的地球上约有 870 万种真核生物，如果加上细菌，总物种数还将膨胀好几倍。然而这个数量，仅仅占到生命诞生以来所有物种数的百分之一。漫漫时间长河中，形形色色的物种你方唱罢我登场。50 亿余种生物出现、繁荣、衰亡，最终走向灭绝。

有些物种在人类起源之前就逝去了，只有化石才能证明它们存在过。有些物种曾与人类祖先共存，却由于种种原因只留神话和传奇。还有些物种刚刚消失数十年，因为人类活动打乱了它们的生活，掐断了它们本该繁荣的生命线。

奇形怪状的远古巨兽、徒留标本的近世珍禽，如果它们能复活，这个世界可能会更加有趣。那么，灭绝的动物真的能复活吗？要回答这个问题，我们得仔细研究一下“灭绝”的定义和标准。

灭绝，顾名思义就是“死绝了”。不过世界太大了，况且动物会藏匿，植物会因季节枯荣，人类要确认某一物种的最后一个个体死亡是非常难的。目前最受公认、使用最广泛的灭绝标准，是由世界自然保护联盟（International Union for Conservation of Nature，简称IUCN）所属的物种生存委员会（Species Survival Commission，简称SSC）负责制订的《IUCN物种红色名录濒危等级和标准》。

这个标准根据物种种群的数量、发展趋势和地理分布，对生物的保护级别进行划分。除去未评估和数据不足的物种，按照灭绝风险由高到低，分为灭绝、野外灭绝、极危、濒危、易危、近危、无危共7类。

红色名录对于推定物种“灭绝”十分慎重。动物能跑会跳，分布的地理范围往往很大。从初生到老年，它们还经常变样，实现“毛毛虫变蝴蝶”级别的转变。所以，调查人员要对物种历史上出现过的所有区域以适当的频率进行全面彻底的调查，等待足够长时间，不漏掉生命周期的任何形态。如果调查到这个地步还找不到一个个体，才能宣布这个物种“灭绝”。

有些物种按上述调查标准，在野外已经找不到了，

但是在保育基地、动物园等地通过人工繁育、圈养存活，或者被人类带到远离自己“家乡”的地方生存，这样的物种就可以宣布为“野外灭绝”。

另外，有一部分“极危”物种已经被红色名录推断为“可能灭绝”或“可能野外灭绝”。它们要么已经绝迹较长时间，要么种群数量过小无法正常繁衍，在原来的生态系统中几乎不起作用了，所以也被称作“功能性灭绝”。这些物种已经进入灭绝的候选名单，一旦调查足够全面，满足了规定的调查时长仍未发现确定的个体，就会被判定为灭绝。

截至 2020 年 10 月，IUCN 一共对 120 372 种动植物和真菌进行了评估。其中 882 种已经灭绝，77 种野外灭绝。32 441 个物种已陷入“受威胁”（极危、濒危、易危）的境地。极危物种中，被认定为“可能灭绝”或“可能野外灭绝”的达 1945 种。然而 IUCN 目前调查到的物种数，不过是地球总物种量的冰山一角，据科学家估算，有灭绝危险的物种实际上已经多于 100 万种了。

IUCN 物种濒危等级体系

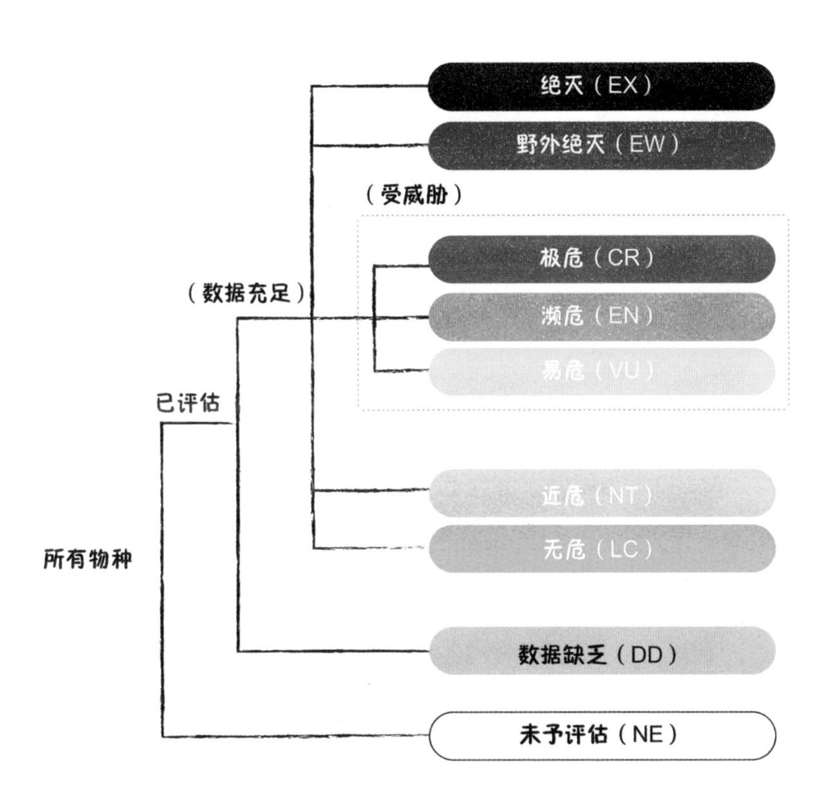

三叶虫：身披甲壳，花样百出

三叶虫和恐龙一样，是一大类已经灭绝的远古生物。恐龙在中生代的陆地上称王称霸，三叶虫则在古生代的海洋中建立王朝。它在寒武纪出现，到二叠纪末期灭绝，在地球上生存了两亿多年。它们身上披着坚实的外骨骼，背上的甲壳被纵分为三个部分——中间有一个轴叶，左右各有一个肋叶——这也是它的名字“三叶虫”的由来。

甲壳多变显神通

三叶虫是一种节肢动物，和名叫“鲎（hòu）”的现生动物是近亲。它们家族庞大，成员众多，体形悬殊。最小的小棘肋虫只有 1 毫米长，像颗油菜籽，要用显微镜才能看得清；最大的霸王等称（chèn）虫身长可达 70 厘米，赶得上一只中等体型的狗了。

三叶虫无论大小，身上都披着螃蟹壳质感的铠甲。这些甲壳的作用嘛，最初不过是保护它们柔软的内脏。但是别忘了，三叶虫家族的成员们可是纵横海洋两亿年啊！有这么长的时间可以挥霍，当然得把一身穿戴折腾出点花样！

小油栉虫的身后长有一根长长的尾刺。当它在海底爬行时，会把尾刺插入软软的泥沙质地面，以尾刺为支点驱使身体前进，仿佛踩着高跷在海底舞台表演。三瘤虫的头上有一条平阔的围边，像极了护士姐姐的“小燕子帽”。这顶“帽子”其实是把铲子，方便三瘤虫挖开泥沙，寻找食物。齿肋虫全身是刺，像个仙人球。这些刺不仅能够帮助它们防御敌人，更能增大浮力、充当船桨，让刺壳虫成为游泳健将。

御敌制敌有妙招

花样百出的可不只是三叶虫的甲壳，还有它们的行为。

寒武纪的三叶虫大多是平趴在海底、肚皮贴着地面前进的，坚硬的背甲朝上，护住容易受伤的腹面。不过，这样看上去是让人难以下嘴了，其实并不安全。你应该见过摆路边摊的小贩经常把乌龟肚皮朝天放着，大乌龟翻不过身，就没法逃跑，可笑又可怜。早期的三叶虫也是这样，如果被捕食者掀个肚皮朝天，那就只能乖乖束手就擒了。

于是到了奥陶纪，许多三叶虫家族成员进化出了蜷曲身体的能力。它们的关节灵活了，翻身这个动作也变得轻而易举。它们还能像刺猬那样蜷成一团，头尾相抵，把小肚皮护得死死的。有的甚至还在头部长出一列卡槽般的小齿，蜷成球时头尾咬合得严丝合缝，不会滑动错位。

还有些三叶虫不团成一个球，只是简单地折叠身体。可不要以为它们的关节不够灵活啊，这么做不是为了抵御敌人，而是为了捕猎制敌！比如褶头三叶虫会把尾部竖直插入泥中，藏住身形，只留脑袋在外面，两眼仰视，埋伏猎物。

追逐环境改变的脚步

三叶虫从平趴发展到能够蜷曲和折叠身体，这说明了什么问题呢？

科学家认为：5.4 亿年前的寒武纪之初，海洋相对太平。过了 5000 万年，到了奥陶纪，生物变得多样化了，海洋变成了一个猛兽出没、危机四伏的世界。三叶虫只有继续进化，才能保住性命、找到食物。

可惜的是，进化之路上没有常胜将军。到了 2.52 亿年前的二叠纪末，三叶虫还是没能跟上进化的脚步，彻底灭绝了。

笔石：给大地定年龄，帮人类找油气

1735 年，现代生物分类学之父、瑞典生物学家林奈在他的巨著《自然系统》中，记载了一种神秘事物，形似书写在石头上的一道道笔迹。林奈把它们叫作“笔石”。

笔石经常保存在页岩里，在细小的岩石颗粒中铺成细长的碳质薄膜。这些岩石上的天然“涂鸦”一般大小为几厘米，最大的长达 1.45 米。仔细去看，会发现它们行笔顿挫，其实是由许多一两毫米的小管子连缀而成的。有些“笔迹”迂回盘曲，扭成奇异的螺线，仿佛钟表里的发条和齿轮。

笔石到底是什么？这个问题让 18～19 世纪的科学家头疼不已。林奈怀疑它是一种和生物无关的无机物质，其他人则把它和海藻、珊瑚等生物联系在一起。

一家子“克隆人”

到了 20 世纪，科学家们才确定了笔石是什么——它是一种已经灭绝的海生群体动物的化石。笔石动物能搭建一座座管状的蜗居，与现在海底名为杆壁虫和头盘虫的微小异形动物是近亲。它们虽然细小，却和昆虫、珊瑚虫这些我们熟知的“小虫子”完全不同。笔石属于脊索动物门中的半索动物，在动物界中算是比较高等的。

我们人类身体中有一根脊柱，起到支撑身体的作用，脊柱中的脊髓是中枢神经系统的重要组成部分。笔石动物的身体中有一条不完全的脊索，虽然没有骨质的脊椎包绕，但已经能居于背侧的神经管和腹侧的消化道中间，为身体提供支撑了。

笔石动物不喜欢单独行动，总是聚族而居。岩石中的每一道“笔迹”，都是一大家子笔石组成的社区。有意思的是，这一大家子笔石互相之间的关系既可以说是母子，也可以说是兄弟姐妹，因为它们都是第一个房子里的笔石的克隆体！

科学家研究了笔石动物的近亲——杆壁虫，发现这种动物会像植物一样，在母体上形成芽体，然后芽体成长为和母体基因完全一致的新虫体，新虫体又会形成新的芽体，成长为更新一代虫体……每个虫体都会从头部分泌出胶原质成分，主动建造自己的窝。等房子建好了，它们会从房子的门缝里伸出触手，捕捉海洋中的浮游生物当作食物。

给大地定年龄

笔石分为两大类：固着笔石和漂浮笔石。固着笔石的生活状态与珊瑚类似，附着于海底，像树一样朝上生长。漂浮笔石则能漂洋过海，去世界各地流浪。

在奥陶纪和志留纪（4.9亿~4.2亿年前）的海洋中，笔石非常兴盛，数量多，演化迅速，各种笔石你方唱罢我登场，建立了一个个短命的王朝。当然，这只是地质学家眼中的“短命”，其实每一种笔石在地质史上的延续时间有50万~200万年之久，但在30亿年的生命进化史中，就只能算是一眨眼的工夫了。

很多种笔石都有着数量多、分布广、演化快（在地质史上“短命”）、易识别（形态特殊容易认）的特点，因此受到了地质学家的青睐，被当作“标准化石”使用。地层中只要出现了特定种类的笔石，就表明这段地层一定是那几十万年里的产物。如果说我们脚下的大地是一本无字的天书，那么笔石就可以为地质学家提供书的页码，为岩石定年龄。

页岩气的指向标

能源是经济的命脉。石油、天然气等化石能源在我们的生活中非常重要，但由于不可再生，传统的油气富集层在未来将越来越短缺。所以，我们需要开发“非常规油气”，用新技术对传统技术无法获得的储集层实行经济开采。页岩气就是非常规油气中很重要的一种。

巧的是，我国许多形成于4亿年前、产笔石化石、指示海水环境的黑色页岩，正是页岩气的重要赋存层位。科学家们不仅能通过笔石标定页岩气产区，更能通过笔石的状态判断页岩气的质量，真是相当有用了！

笔石出现于中寒武世（约5亿年前），作为4亿年前的海洋宠儿，虽然在石炭纪（约3亿年前）灭绝了，却在大地上留下了不可磨灭的印迹。谈到早古生代的地球历史，谈到未来的天然气能源，我们都绕不过这种长相奇异的生物。

请记住“笔石”这个名字吧，因为它不仅仅跟过去有关。

小贴士

页岩

一种质地较软（能用指甲刻划）、具有一层层的书页状层理的岩石，主要由高岭石、蒙脱石、伊利石等黏土矿物组成。

03

顾氏小盗龙：丛林中的四翼飞机

很多小朋友都梦想过长出一双翅膀，像鸟儿一样在蓝天上自由飞翔吧？

摆脱地心引力是一件非常酷的事情。大约 4 亿年前，昆虫作为第一种学会主动飞行的动物，征服了天空。翼龙（爬行动物）、一些长羽毛的恐龙、鸟和蝙蝠（哺乳动物）则紧随其后，用强健的双翼冲入天空的领域。

主动飞行，意味着这些飞行动物要调动肌肉的力量，用上下扑动翅膀等方式产生上升力。而有些滑翔动物（比如鼯鼠）则只能平展飞膜，利用气流进行被动飞行。

四翼滑翔机

有一双翅膀已经够令人心驰神往了，但有些动物偏偏不走寻常路，除了前肢的一双翅膀外，还在后肢上又长了一双翅膀。

2003 年，发现于我国辽宁的顾氏小盗龙就是这样一种神奇的动物。它生活在 1.2 亿年前的早白垩世，身体覆盖着一层厚厚的羽毛，前后肢上各有一对翅膀，头部、前臂和脚部都有长飞羽，尾部还有菱形的羽毛扇。

羽毛可以分为两大类：一类是小鸡绒毛那样的绒羽，主要起保暖作用，我们平常穿的羽绒服、盖的鸭绒被里就要用到它；还有一类就是片状的正羽，这些正羽通常会长成左右不对称的样子，用以操纵气流、适应飞行。

小贴士

关于白垩世的知识，可以阅读“少年轻科普”丛书《恐龙、蓝菌和更古老的生命》的《到底是“白垩纪”还是“白垩世”》。

科学家通过计算机模型，推算出顾氏小盗龙在大多数情况下可以平展四翼滑翔，偶尔还能扑动翅膀进行主动飞行，像极了一架装备了简单动力的四翼滑翔机。它的羽毛是黑色的，闪耀着青蓝色的光泽，再加上顾氏小盗龙和苍鹰相仿的体形，翱翔于蓝天时，一定很帅气。

翅膀多了有烦恼

顾氏小盗龙脚部的羽毛太长，会妨碍它在地面活动。所以，科学家认为它是适应丛林生活的树栖动物，平常爬爬树，从一棵树滑翔到另一棵树，很少踩到地面上。

此外，有些研究者还通过手盗龙类的手腕关节发现，当顾氏小盗龙把前肢收起置于身体两侧时，长长的羽毛会拖在地上，非常累赘。即使它在地面行走，也无法使用前肢捕捉猎物或抓取物体，只有在飞行过程中用嘴叼取猎物才更合逻辑。

也就是说，前后两双翅膀都剥夺了顾氏小盗龙在地面上自如生活的可能。看来，长两双翅膀虽然酷，但也要付出代价。

顾氏小盗龙独特的四翼结构，让研究鸟类飞行起源的科学家们非常感兴趣。某些现代的猛禽虽然脚上没长翅膀，但长着独特的长羽毛——也许鸟类的飞行进化过程经历过一个四翼飞行的阶段，而地面行动的不便，又让它们舍弃了脚上的翅膀，用前翼进行飞行。

翼龙：七十二变的进化之路

翼龙是恐龙时代的明星，在 2.28 亿年前的晚三叠世出现，到 6600 万年前的白垩纪末，与恐龙同时灭绝。它们是地球上第一批学会主动飞行的脊椎动物，比鸟类先占据蓝天。翼龙体型悬殊，有小如麻雀的森林翼龙，也有翼展达 12 米、媲美歼击机的哈特兹哥翼龙。

为了飞上蓝天，翼龙生就了一副不同寻常的身体。其中最引人注目的，就数它们的翅膀了。

翼龙都会“一指禅”

翼龙的翅膀，或者说翼，是由皮肤、肌肉与其他软体组织构成的翼膜，分为肩臂前端的前膜、向身体两侧大大伸展的臂膜和连接后肢的尾膜三部分。

臂膜是翼膜的主体，它是由翼龙前臂那根极长的第四指撑开的。如果我们仔细瞧瞧蝙蝠和鸟的翅膀，就会发现蝙蝠是五指张开撑起了皮膜，而鸟则是“手指”简化、用整条胳膊支撑羽翼。没有谁能像翼龙这样，用一根无名指就挑起翼膜的。这可算得上真正的“一指禅”神功了。

翼龙的起飞姿势很特别。目前有不少科学家认为翼龙会蹲伏身体，摆出类似短跑运动员那样的预备姿势，然后再集合四肢的力量，以“两手”触地的位置为支点，用“撑竿跳”的方式推动身体向前，抬起后腿，展开双翼升空。

翼龙的小脑中有个叫“绒球”的部位特别发达。绒球一般被认为能够整合来自关节、肌肉、皮肤与平衡器官的信息，让眼部肌肉产生小而自动的运动，使视网膜产生稳定的视觉，因此对运动视觉和飞行平衡非常重要。当今鸟类的绒球也很发达，但还远远比不上大型翼龙。也许正是翼龙拥有的巨大翅膀，让绒球不得不处理大量飞行信息。

科学家还在一些翼龙的翼上发现过毛状的密集纤维，非常像毛发或绒羽。他们推测，这些密集纤维可能像鸟类的羽毛一样，有助于翼龙的飞行；也有人认为“毛发”的存在说明翼龙和鸟类、哺乳动物一样是温血动物。

喙嘴龙和翼手龙

从很早开始，古生物学家就发现翼龙分为两个大类：一类满嘴尖牙、尾巴很长；一类嘴里牙齿很少或没有牙齿、尾巴很短。他们把前者叫作喙嘴龙，后者叫作翼手龙。喙嘴龙和翼手龙的骨骼还有不少其他差别，比如头骨上孔洞的形状、颈椎的长短、翼掌骨的长短、脚趾的退化程度、骨质头冠的有无等，总之两者间似乎泾渭分明。

喙嘴龙在地质历史上出现得比较早，晚三叠世出现，在侏罗纪末几乎消失，早白垩世以后就不见踪影了。翼手龙则到中侏罗世才出现，和恐龙一起，到白垩纪末灭绝。科学家根据它们的出现时间、骨骼形态和多样性，认为喙嘴龙比较原始，而翼手龙相对进步。但两者之间到底是如何演化的，却始终是个谜。

悟空翼龙解开过渡之谜

2009 年，中国的两个古生物学家团队分别报道了辽宁的两具翼龙标本，它们后来都被归入“悟空翼龙科”。比较一下悟空翼龙科的化石和喙嘴龙、翼手龙的化石，会发现它们非常奇怪：上半身像翼手龙，下半身则像喙嘴龙，还有一些特征介于两者之间。

这些翼龙的样子既像喙嘴龙又像翼手龙，而且它们所生活的晚侏罗世早期，正是喙嘴龙衰落、翼手龙兴起的时间段，是翼龙界变革的关键时段。“悟空”这个名字，取孙悟空能腾云驾雾七十二变、天地之间任我行的意思，说明悟空翼龙正是科学家梦寐以求的“喙嘴龙——翼手龙”之间“变化”的关键过渡环节。后来，科学家又在辽宁找到了比悟空翼龙更像翼手龙的翼龙标本，取名“斗战翼龙”，意味着它是悟空翼龙的“斗战胜佛”版，比悟空翼龙进化的程度更高。

其实从喙嘴龙到翼手龙，从悟空翼龙到斗战翼龙，翼龙的身体何止经历了七十二变！在灭绝的生物中，在地底的化石里，隐藏着很多生物进化之路上的过渡环节。古生物学家的责任，就是把生物演变的过程一步步找出来，连接成完整的进化链条。

大眼鱼龙：深海里的大眼萌物

如果你穿越到 1.6 亿年前的侏罗纪，看到海里有一头胖乎乎、身体流线型的生物，可千万别把它认作海豚。在恐龙时代，大海被海生爬行动物主宰，你看到的多半是鱼龙！如果它的眼睛又大又圆，像极了卡通片里的主人公，那它就很可能是我们本篇的主角——大眼鱼龙了。

趋同进化，环境之功

可能有人会奇怪：生活在 1.6 亿年前的生物怎么会和今天的海豚长得这么像呢？它们是亲戚吗？其实啊，鱼龙和海豚的亲缘关系非常远，一个是海生爬行动物，一个是海生哺乳动物。它们之所以模样相像，不过是因为生活于相似的环境——大海里。

水中的阻力很大，这一点，会游泳的小朋友肯定有切身体会。在水中游泳的阻力，正是鱼龙和海豚在进化之路上都需要面对的自然选择压。长成鱼类那样头像子弹、肚腹较大、尾部尖灭的造型，有助于减小阻力，让它们在水中活动自如。

这种源自不同祖先的生物由于栖居于同类型的环境，身体结构向着同一方向进化的现象，被生物学家们叫作“趋同进化”。环境这只无形的手，把八竿子打不着的生物打磨成了相似的样子。

小贴士

自然选择压

即自然环境会对具有不同性状的生物个体产生或大或小的生存压力，适者生存被选择，不适者则被淘汰。

尖灭

指具有一定体积的物体一端逐渐缩小直至消失的现象。

大眼睛的大作用

作为鱼龙家族的超级萌物，大眼鱼龙的眼睛那可是相当大：直径有 23 厘米，快要赶上一个篮球的大小了，也比各位小朋友的脑袋大呢！

虽说大眼鱼龙是个身长 4 米有余、体重接近 1 吨的大家伙，但它的脑袋也不过 80 厘米长（而且大部分长度都给了细细长长的嘴）。所以，那两只大眼睛真是太醒目了，确实算得上脑袋被眼睛塞满的典型代表。

大眼鱼龙的大眼睛绝对不是为了可爱而可爱。它们平时喜欢在 600 米以下的海水中活动，深水中的光线通常很弱，眼睛越大，在光线弱的地方就越容易看清东西。大眼鱼龙热爱深水中的箭鱼（鱿鱼近亲）等鱼类美食，不长一双大眼睛，哪能抓得住它们呢？

眼睛是个柔弱精密的器官。为了保护好自己的大眼睛，大眼鱼龙的眼睛里还装备了一个人类眼睛没有的结构——巩膜环。这一圈环形的骨片能帮助大眼鱼龙抵抗水压，维持眼球的正常形状。

小鱼龙出生先露尾巴

鱼龙是胎生动物。科学家在 50 多具鱼龙化石中发现了未孵化的幼体，也从中窥见了鱼龙生产的秘密。

人类母亲在生孩子的时候，孩子通常都是头先出来；如果脚先出来，就很容易造成难产。但鱼龙在生小宝宝的时候，却是反着来，都是以尾巴先出的方式生产的。

这是因为，鱼龙虽然在海洋中生活，但毕竟是用肺呼吸的，只不过憋气时间长一些（20 分钟左右），换气次数少一些。小鱼龙从母体出生的过程中，如果头先出来，在身体被妈妈产道夹住的情况下，很可能会因为来不及换气而死。所以，又是环境这只无形的手，让海中生产的鱼龙妈妈用尾巴先出的方式，增加了新生儿的成活率。

美洲大地懒：直立行走的大块头

在人类进化历史上，直立有着重要的意义——直立解放了祖先的双手，直立抬高了双眼的视线，为他们创造了不少生存优势。

然而，直立却不是我们人类的专利。

能直立的史前巨兽

距今约10万~1万年前（更新世晚期），居住在南美洲阿根廷潘帕斯大草原的美洲大地懒，也是可以直立的动物。

这是一种身高可达6米、体重约有4吨的大块头，大小跟现在的非洲象差不多。美洲大地懒的后肢骨非常粗壮，能够撑起全身的重量，与它强壮的尾巴一起形成稳定的三角，跟袋鼠站立的姿势有些像。当它们靠后腿和尾巴直立时，就可以便捷地用两个前肢够取高处的树枝、树叶为食。美洲大地懒不仅可以直立，它们还可以直立行走，是史上最大的直立行走的哺乳动物。

小贴士

生境

指生物的个体、种群或群落生活地域的环境，包括必需的生存条件和其他对生物起作用的生态因素。

巨无霸的克星

美洲大地懒凭借巨大的体形行走江湖，基本上没有遇到太大的麻烦。食肉类哺乳动物对庞大的大地懒无计可施，最多就是对它们的幼崽下手，还不算是最大的威胁。它们的灭绝，据科学家推测，跟早期人类的活动脱不开关系。

原始人类在扩张活动领域的过程中，对大地懒进行了围捕——在一些大地懒的化石上存在明显的切割痕迹，看来这些大家伙曾经上过原始人的餐桌；适宜生存的生境在不断破碎、减小，也是大地懒走向灭绝的重要因素之一。

了不起的大块头

美洲大地懒在古生物学的研究史上是有很重要的地位的。

1788 年它的化石最早发现于阿根廷的布宜诺斯艾利斯，被阿根廷赠送给西班牙国王查理三世。之后，更多的美洲大地懒化石被发掘，并辗转流传至欧洲，传到了著名的法国古生物学家居维叶手上。居维叶当时正致力于脊椎动物比较解剖学的研究。他仔细地比对推敲这批史前巨兽的化石，发现它们与现生的三趾树懒在牙齿与骨骼结构上非常相似，因此将之命名为美洲大地懒。

起初，居维叶认为这些巨兽也是生活在树上的。但之后他修正了自己的猜测，认为这是一种在地面生活的动物。居维叶关于美洲大地懒的论文发表在 1796 年。同年 4 月，他在国家研究所开幕仪式上宣读了自己的第一篇古生物学论文。这两篇论文是古生物学研究的转折点，同时也是比较解剖学的起点，不仅大大提高了居维叶的个人声誉，还基本上结束了生物学界关于“是否存在灭绝现象”这一论题的长期争论。

居维叶一生中研究了许多古生物，也完成过许多脊椎动物化石的复原与装架，而他完成的第一件作品就是美洲大地懒。

披毛犀：从原始壁画上走下来的双角巨兽

在法国南部阿尔代什省，有一个被列为世界遗产的肖维岩洞，因为洞壁上丰富的史前绘画而闻名遐迩。尽管只有简单的绘画工具和赭石等颜料，肖维岩洞壁画仍然以优雅流畅的线条勾勒、细致入微的明暗变化和准确精妙的透视法运用，赢得了世人的赞叹。

肖维岩洞中众多栩栩如生的动物形象，如史书般记录了那些曾经盛极一时、但如今已经灭绝的生命，除了艺术上的成就，也给了后人科学探索上的线索。这其中，不得不提到披毛犀。

更新世最后的犀牛

肖维岩洞壁画中的披毛犀，长长的鼻角突出，像圆月弯刀一般划出圆润的弧线；两眼之间的额角坚挺，像一把锋利的匕首，令人印象深刻。

披毛犀，又名长毛犀牛，是更新世犀牛分支中最后衍生的成员，广泛分布在欧洲和亚洲的北部地区。披毛犀身长3~3.8米，体重1.8~2.7吨，肩高可达2米，整个体形矮壮敦实，跟现存于世的白犀牛差不多。坚实的四肢和厚实的毛皮使披毛犀很好地适应了草原冻原环境。

化石告诉我们的事

长久以来，人们通过原始的壁画认识披毛犀。直到 20 世纪初，在波兰的一个沥青坑里发现了一具保存完整的成年雌性披毛犀骨架化石，才对披毛犀展开了更为科学的研究。

披毛犀化石的头骨上，粗糙面占据了整个鼻骨正面，说明它在活着的时候有一只巨大的鼻角，比现生和灭绝的大多数犀牛都大；额骨上还有一个较短的隆起，显示它还有一只较小的额角——这样的推测也与壁画形象相符。从正面看，披毛犀两只角的形状相对现代犀牛来说显得宽而扁，人们推测这两只角可能有类似雪铲的功能，可以铲走地上的覆雪，让披毛犀比较方便地进食草料。

披毛犀的灭绝年代距今只有约 1 万年，是最晚灭绝的史前犀牛，因此一些披毛犀角因为年代距离今天比较近而且被冰冻住，有幸保存下来。披毛犀也成为唯一留下角化石的史前有角犀牛——这是相当不容易的，毕竟犀牛角的成分是角蛋白，不像骨质的鹿角，非常难以形成化石。

人类和披毛犀的生存大战

披毛犀的食性一直颇有争议，它们到底是吃地上的草还是吃枝头的树叶呢？

研究人员从环境和动物两方面入手。首先，证实了披毛犀生存的环境是草原冻原，地面低矮植被才是它们主要的食物来源；其次，对保存完好的披毛犀冻尸进行研究，通过对颅骨、颚骨及牙齿的生化分析，发现它们的肌肉和牙齿特征更适合吃草。不过，草料实在是一种纤维素含量丰富而蛋白质含量很低的食物，因此可以想象，披毛犀生活中将花费大量的时间进食来维持生存。

披毛犀曾是旧石器时代人类的狩猎对象，这也成为人们猜测的、导致披毛犀灭绝的主要原因。虽然也还有一些其他的推测，比如全球气候变化对披毛犀造成的威胁，但目前尚无定论。

通过 DNA 分析，现存的犀牛中，与披毛犀关系最近的近亲是生活在东南亚的苏门答腊犀牛——令人感叹的是，苏门答腊犀牛是极危物种，也已经处在灭绝的边缘。

小贴士

食性

指动物吃什么食物、怎么吃以及因情况不同吃多少的特性。

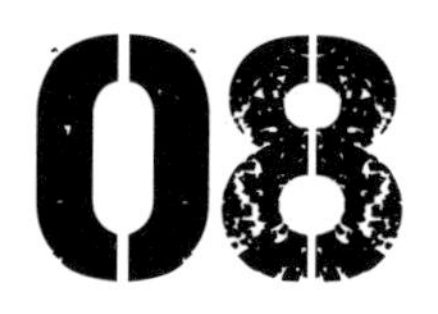

渡渡鸟：你的死因是天真吗

西方有一句很有名的谚语“As dead as a dodo”。直白地翻译过来，“死得像渡渡鸟一样”；文雅一点，“逝者如渡渡”；干脆一点，“死得透透的”。

渡渡鸟到底是什么来头？为什么它会为死亡“代言”？

短暂的出现，永恒的消失

“逝者如渡渡”的原因其实很简单，渡渡鸟已经在地球上灭绝了——它是西方进入工业社会后，有史料记载的第一种被灭绝的动物。

不过它的形象依然出现在了当代社会。比如在非洲岛国毛里求斯的国徽上就有渡渡鸟的形象，虽然已经灭绝，它仍然成了该国的国鸟。没错，渡渡鸟就是仅产于毛里求斯的一种走禽。从人们发现它，到它灭亡，不过百年的时间。

渡渡鸟身上有几大谜团——为什么被称为渡渡鸟？它为什么灭绝？渡渡鸟的灭绝是导致卡尔瓦利亚树数量锐减的根本原因吗？

小贴士

卡尔瓦利亚树

又称大栌榄树、渡渡鸟树，生活在毛里求斯岛上。寿命很长，木材珍贵，它的种子类似桃核。

没有天敌是好事吗？

据说，16 世纪大航海时代，葡萄牙人航海来到毛里求斯，登岸时发现了一种大鸟——身长大约 1 米，腿部粗壮有力，但翅膀短小、无法飞翔，末端倒钩的鸟喙很有特色。但更奇特的是，它们对人毫无顾忌！这样的天真大概是作为猎物的绝佳品质。

究其原因，原先的生存环境对于渡渡鸟来说实在太轻松了，并没有什么生物能对它们造成威胁。

看看毛里求斯在地球上离群索居的位置，就不难理解渡渡鸟的天真了，它的无所畏惧也就顺理成章了。在葡萄牙人眼里，这难免变成了一种“傻里傻气”的表现，所以给这种大鸟起名为 dodo，这个词来自葡萄牙语的“doudo”或“doido”，是“愚笨”的意思；另一种说法认为，渡渡鸟因叫声类似“渡渡”而得名。

这样看来，渡渡鸟的灭绝似乎很好理解——一定是因为人类的贪婪捕食。但情况大概没那么简单：从葡萄牙船员的航海日记来看，有些人觉得渡渡鸟的肉质地粗糙，久煮不熟，过分油腻，难以下咽。这也许只是个人口味喜好不同，但与人类登陆相伴而来的动物，确实对渡渡鸟的生存造成了不小的威胁：比如老鼠、猴子和猪，渡渡鸟的蛋是令它们垂涎三尺的美味，而且渡渡鸟的巢就筑在地面，窝毁蛋打的惨案时常发生，严重影响了渡渡鸟传宗接代。除此之外，新来的物种与渡渡鸟争夺环境资源，栖息地不断被侵占和破坏，也进一步将其推向灭绝的境地。

渡渡鸟和卡尔瓦利亚树

1681 年清晨，毛里求斯罗德里格斯岛上一声枪响，世界上最后一只渡渡鸟走到了生命的尽头。

差点儿与渡渡鸟一同走向灭亡的，还有卡尔瓦利亚树。到 1973 年，卡尔瓦利亚树被认为只剩下 13 株，据估计树龄都在 300 年左右。

渡渡鸟以卡尔瓦利亚树的果实为食，而卡尔瓦利亚树则同样非常依赖渡渡鸟——卡尔瓦利亚树种子的外壳太坚硬，需要渡渡鸟消化道的打磨、腐蚀来削薄。当渡渡鸟拉出种子的时候，种子才好落地萌发。

这个动植物相互依存、唇亡齿寒的说法流传甚广。不过现在科学家又有了一些新的发现：在毛里求斯岛上的乌龟和鹦鹉，它们的肠胃同样可以帮助卡尔瓦利亚树的种子发芽，那么渡渡鸟的灭绝未必是导致卡尔瓦利亚树数量减少的主要原因。另一

方面，科学家把解谜的思路转向了外来入侵寄生虫的破坏和番石榴的威胁，也确实找到了相应的证据……推测和研究还在继续，虽然这一切尚无定论，但值得欣慰的是，如今用人工打磨的方式，也可以帮助卡尔瓦利亚树的种子萌发。

只不过，卡尔瓦利亚树再也见不到渡渡鸟了，我们也是。

09

大海牛：当深情厚谊遭遇薄情寡义

哥伦比亚著名作家马尔克斯的小说《霍乱时期的爱情》里，提到了哥伦比亚马格达莱纳河滩上的海牛，它们用硕大的乳房给幼仔喂奶，像悲伤的女人一样哭泣。

当时，乘船通行的猎人会从船上射杀海牛，即使这是法律明令禁止的行为。在书的结尾，马格达莱纳河滩上已经没有海牛了。

温柔的巨人

现存的海牛都生活在温暖的水域。不过在不久以前，还有生活在冷水区域的海牛，因为体型庞大而得名大海牛，又称斯特拉大海牛。1741 年，博物学者乔治·斯特拉在白令海峡发现了它们，他当时正与探险家维他斯·乔纳森·白令一同旅行。

斯特拉大海牛究竟有多大呢？据推测，成体平均体长达 10 米，体重达 10 吨，与海牛目下现存的亚马逊海牛、西印度海牛、西非海牛和儒艮相比，斯特拉大海牛绝对是个大块头了。

1741 年 11 月，乔治·斯特拉跟随着白令船长的俄国探险队陷入了绝境：船只损毁，所有人都被困在俄罗斯和阿拉斯加之间的一座无人小岛上。缺食少水、坏血病横行，船员接连倒下。到了 12 月，白令船长也死于坏血病。这座无人小岛后来被命名为白令岛。

小贴士

维他斯·乔纳森·白令

1681年8月出生，1741年12月19日逝世于白令岛，是一位俄罗斯海军中的探险家。白令海峡、白令海、白令岛和白令地峡都是以他的名字命名的。

虽然岛上有海獭、海狮等生物，但食物供应一直不太稳定，直到大海牛的出现。

斯特拉偶然发现浅滩上有巨大的黑影缓慢移动，时而露出水面呼吸。他很快断定这是一种体型庞大的海牛。根据斯特拉的描述，大海牛如同温柔的巨人，以巨型海藻为食，身体脂肪层有 7~10 厘米厚，对人类没有丝毫畏惧。

探险队的救命恩人

第一次捕食大海牛时，斯特拉和船员们试图钩住大海牛，再把它拖上岸。但大海牛的皮太厚了，钩子根本刺不穿，再加上它力量又很大，尝试以失败告终。

一个月之后，船员们带着锋利的鱼叉再一次向大海牛发起攻势。鱼叉由六人乘船带着，鱼叉尾部的长绳末端则由岸边的几十个船员牢牢抓住。这一次，鱼叉刺穿了大海牛的皮肤，限制了大海牛的行动，岸上的船员立刻奋力把大海牛拖向岸边。船上的船员同时继续用刺刀捅向大海牛，让它不断失血、耗尽气力……

这一次，人类成功了。等到退潮的时候，船员们开始屠宰战利品。

猎杀一头大海牛，几乎可以保证所有船员一个月的口粮。大海牛的肉不仅量大，口感也很不错，算得上人间美味。大海牛的脂肪被制成油脂保存或者用作灯油，大海牛的皮成为新船的防护层……可以说，大海牛支撑着斯特拉的船队撑过了苦寒的被困之冬，说它是“救命恩人”也丝毫不为过。

到了第二年 8 月，探险队驾驶着新造的船只离开了白令岛。如果故事就此打住，那么大海牛也许还能够活到今天，可惜探险队的传奇经历迅速在欧洲流传开来。

恩将仇报的残酷故事

比传奇更令人追逐的是利益——猎人、皮毛商人蜂拥至白令岛，他们以大海牛为食，捕捉海獭获得珍贵皮毛，这实在是笔好生意。而且人们发现，当一只大海牛被鱼叉刺中时，其他大海牛会聚集成群，试图施以援助。只可叹大海牛的深情厚谊反而被薄情寡义的人类残酷利用，招致更大规模的集体屠杀。

1768 年，在斯特拉发现大海牛仅仅 27 年之后，最后一头大海牛死在猎人的鱼叉下。

这样看来，大海牛的灭绝是人类的过度捕杀，但细细分析，这可能只是明线，还有另一条暗线埋伏其中：欧洲市场对海獭皮毛疯狂渴求，在人类的捕杀下，白令岛附近的海獭数量急剧下降；海胆作为海獭的食物，因为天敌的减少得以大规模繁殖；而海胆和大海牛都以海藻为食，由于海胆数量激增，导致大海牛的食物来源锐减……明暗两条死亡绞索，联合灭杀了最后的大海牛族群。

不得不说，因为大海牛获救的斯特拉、把大海牛介绍给欧洲的斯特拉，也是吹响了大海牛灭绝号角的斯特拉。

斑驴：你其实真的是斑马

在东非大草原上，有着成群奔徒的角马。我们人类见到它们恐怕会默默嘲笑：这角马长得可真滑稽，头上长着牛一般的犄角不说，身上的斑纹怎么到了身体后半截就不见了呢？是不是打印机没墨了呀？

还别说，身上条纹没法“坚持”到最后的并不只是角马这一种动物。在广袤的非洲南部大草原，曾经有一种名叫斑驴的生物，身体后半部分的斑纹也消失不见啦。

被驯服的人类朋友

斑驴还有很多别名——半身斑马、拟斑马、半身马。从这些别名也可以猜出一二了，这是一种外形上像斑马和马的结合体的生物。

斑驴的条纹在身体前半部分排列得很规整，不仅面部有，脖颈有，脖颈上的条纹还向上延伸到斑驴短而直立的鬃毛上。但越往后斑纹就逐渐变得随意起来，到了身体后半部分干脆消失不见了，只剩下棕色的皮毛。所以看上去，斑驴前半部分像斑马，后半部分则像普通的马。至于为什么中文名叫斑驴，大概是翻译时为了与斑马区别开来。

小贴士

霍屯督人

Hottentots，南部非洲的民族集团，自称科伊科因人。主要分布在纳米比亚、博茨瓦纳和南非。

斑驴最初是由南非的霍屯督人发现的。他们模仿斑驴的叫声，称它们为Quagga（读音类似 “夸嗝”）。不仅如此，他们利用斑驴生性机敏的特性，驯服斑驴作为自家夜间的守护者，甚至替主人拉车也不在话下。

永远说再见

斑驴其实一直被非洲人猎食，但原始的狩猎方法并不足以给斑驴种群造成太大的打击。直到 19 世纪，欧洲移民大量涌入非洲，情况就不容乐观了。

欧洲移民带来了先进的狩猎工具，套索、火器无所不用。他们疯狂捕猎，主要倒不是为了斑驴鲜美的肉，而是想从它们独特的皮毛中牟取暴利。更有甚者，仅仅是为了打猎的乐趣。而且，欧洲移民带来了食草的家畜，跟斑驴竞争有限的食物资源……到了 19 世纪中期，野外已经很少再见到斑驴的踪迹。据称，最后一匹野生斑驴死于 19 世纪 70 年代。

幸存于欧洲动物园的斑驴日子也很快走到尽头。世界上最后一头斑驴是饲养在荷兰阿姆斯特丹动物园的一头雌驴，它孤独地活到1883年8月12日。随着它停止呼吸，这个物种便不可挽回地走向了灭绝。从此，地球上再也没有斑驴的踪迹了。

分类与“再造”

斑驴的分类一直没有确定下来。在它灭绝的时候，人们把它视作一个独立的物种；现在则有了新的认识。

证据来源于DNA检测技术——斑驴是第一类进行了DNA测序的灭绝动物。遗传调查发现，其实斑驴根本不是一个单独物种，而是平原斑马的众多亚种之一，大约在29万~12万年前，从平原斑马分化而来。它们独特的皮毛样式，很有可能是由于地理隔离而迅速进化出来的。非洲南部草原十分干燥，有更多荒漠生境，纯棕色很可

小贴士

地理隔离

同一种生物由于地理上的障碍（如海洋、大片陆地、高山和沙漠等）而分成不同的种群，生物的自由迁移、交配、基因交流受到阻碍，最后逐渐形成独立的物种。

能更利于隐蔽。能佐证这一猜想的现象是：平原斑马的生活区域越靠南方，身上的条纹数量越少；而斑驴当年恰恰就是生活在非洲的最南部。

从 1987 年开始，有一群科研人员投入“再造”斑驴的工作中——既然斑驴是平原斑马的一个亚种，那么选出那些体色偏棕黄色、腿上条纹较少的平原斑马，通过杂交培育、人工选择，把后代中长得与斑驴相似的个体保留下来，再次进行繁殖，如此重复，使得皮毛性状强化巩固，就有可能得到跟斑驴很像的个体。

小贴士

为什么人类要人工干预、“复活”已经消失的物种？

伴随着物种的消失，这个物种所囊括的所有遗传信息也一并灰飞烟灭，而与它相关的物种和生态环境都随之受到影响。尝试复活已消失的物种，就是在尝试挽救生物的多样性。

经过三十多年的努力，棕色的皮毛仍然比较难得，但后半部条纹消失已经基本做到了。就在 2018 年 8 月 12 日，世界上最后一头斑驴死亡的 135 年后，一头名为瑞秋的小马驹诞生，看起来已经很像斑驴了！

11

蓝马羚：死于天灾还是人祸

偶蹄目的鹿啊、羚羊啊，往往都有修长的四肢、矫健的身姿。它们安静地吃草，灵敏地跳跃、奔跑，是一类平和、机警的动物。

在有历史记录以来，第一种在非洲草原灭绝的大型哺乳动物是偶蹄目的蓝马羚。

人类还不够了解它

蓝马羚与马羚和黑马羚是近亲，但身材比它们更纤细。现存最大的蓝马羚标本肩高近 1.2 米，犄角长达 56.5 厘米。

蓝马羚的腹部毛色灰白，前额棕色，鬃毛不突出。传说中的蓝马羚身披蓝灰色皮毛，十分美丽独特。蓝马羚是否真的拥有蓝色皮毛其实很有争议，因为现存博物馆的四个标本都不是蓝色，年代久远的皮毛在时光中褪色，或许并不能作为判断的依据。据推测蓝色可能来自黑色毛和黄色毛的混合。

直到灭绝之日，蓝马羚都没有被训练有素的生物学家实地系统地观察过。后人只能凭借零星的文字记录和现代生物技术对化石的研究，拼凑出蓝马羚的草原生活：一头雄性蓝马羚会与数头雌性蓝马羚共同生活；雄性蓝马羚会守卫自己的家族，也就是确保自己的雌性蓝马羚们不被其他雄性蓝马羚夺走。雌性蓝马羚产下幼仔后，会小心翼翼地把它们藏在草丛中，以免被捕食者发现。自己则抓紧时间啃食青草，及时补充营养，产生足够的乳汁。每隔一段时间，蓝马羚妈妈会返回孩子的藏身之地，哺乳幼仔。孩子直到成长到一定阶段，才会加入家族群里，跟着妈妈一起活动。

关于灭绝原因的猜测

蓝马羚大约在 1800 年灭绝，也有人坚称 1853 年才是最后一头蓝马羚被猎杀的时间。无论哪个时间点更足以采信，蓝马羚的灭绝似乎都是人祸所致。

诚然，17 世纪欧洲殖民者来到了这片土地，他们将草原开垦为农田，挤压蓝马羚的生存空间；他们带来了牛羊等牲畜，与蓝马羚争夺草料；还有殖民者为了皮毛或仅仅为了狩猎娱乐而猎杀蓝马羚——但如果因此把蓝马羚的灭绝全盘归咎于欧洲殖民者，实在有失公允。

小贴士

全新世

最年轻的地质年代，从11700年前开始。根据传统的地质学观点，全新世一直持续至今。

蓝马羚种群数量的下降其实早就开始了。根据化石和原始洞穴壁画推断，1万多年前的冰河时期它们曾广泛分布在非洲大陆南部，但之后的气候变化，使蓝马羚的草原栖息地植被发生了明显的变化——出现了更多的灌木丛甚至森林。更为适应新生境的其他物种占据了优势地位，蓝马羚的生存受到严重影响。从全新世开始上升的海平面，很有可能阻断了蓝马羚的迁徙之路，使蓝马羚的种群支离破碎，进一步削弱了这个物种的生存竞争力。

迁徙之路，生存之路

那么，今天的科学家是怎么知道蓝马羚会迁徙的呢？

2013年，澳大利亚古生物学家通过研究蓝马羚的牙齿化石大小、形态，判断牙齿属于新生幼仔、亚成体还是成体，计算它们在非洲南端从西到东数量比例的变化，最终推测出——冬季，蓝马羚会在非洲南端西海岸产仔，这里充沛的降水带来丰美的草料。春去夏来的时候，西海岸就不是一个乐园了，干旱导致草料不足、味道不可口，这个时候，蓝马羚就成群地往东迁徙，因为夏季的东部依然保持了充足的雨水。

因为海平面上升对迁徙之路的阻断作用，到17世纪欧洲殖民者登陆时，蓝马羚的栖息地已经局限在南非东南海岸的草原上，而且种群数量稀少。所以殖民者的所作所为，不过是压死骆驼的最后一根稻草。

小贴士

亚成体

动物幼体经过生长后，外形与成体完全相似但性腺尚未成熟的发育阶段。

成体

动物发育到性成熟、可以繁育后代的阶段。

12

大海雀：为了留住你，反而失去你

很多人第一次看见大海雀的时候，会以为看到了企鹅——洁白的腹部、黝黑的背部，仿佛穿了帅气的燕尾服。防水羽毛紧贴在身上，翅膀短小到有点滑稽，脚蹼显然是为了潜水而设计，身子胖胖的像个大纺锤——这些特征企鹅也具备，所以认错了鸟儿也情有可原。

当然，我们并不是看见了活着的大海雀，我们可没有穿越时空的本领。因为，早在 19 世纪中期，大海雀就已经在地球上灭绝了。

潜水专家的进化之路

大海雀原先生活在北大西洋的岛屿上，和南极大陆的企鹅颇有一种遥相呼应的味道。它们不但外貌相似，让人分不清楚，而且生活方式也很接近。换句话说，正是因为它们栖息地的环境资源类似，所以造成了两个没有亲缘关系的物种发生了趋同进化。

无论是大海雀还是企鹅，都是在海中捕食鱼虾的鸟类，所以它们的身体结构在漫长的进化过程中，逐渐变得非常适应潜水：腹白背黑是潜水的保护色，无论是水中还是空中的天敌，都不容易发现它们；羽毛防水，可以保暖御寒；脚蹼增加了划水效率；既然猎场是大海，大翅膀只会成为累赘，短小才是精华；纺锤形的身体，让它们潜水时的阻力尽可能降到最低；至于长得胖乎乎的，那实在是生存所迫——越是寒冷的地方，越是要长大块头，不仅是为了多储存脂肪御寒，还要靠体积大而获得相对较小的身体表面积与体积之比，尽量减少热量的散失。不过，大海雀在陆地上就尽显笨拙了。

同形不同命，或许是托了南极人迹罕至的福，企鹅活到了今天，而大海雀灭亡了，讲起来真是令人心酸。

匹夫无罪，怀璧其罪

“它全身都是宝”，一听到人类这样的恭维，动物朋友们可都要提高警惕！何况这一句用在大海雀身上真是名副其实。

在大航海时代到来以前，格陵兰岛的原住民会吃大海雀的肉和蛋，会用大海雀的皮毛做衣服。原住民的人数有限，这些消费并不足以真正威胁到大海雀的种群数量。

随着大航海时代到来，形势迅速变得严峻：船队摸索通往亚洲的西北航线，路过北大西洋时，会猎杀大海雀为食；随后纽芬兰渔场开发，来到这里的大量渔民也会以大海雀为食；甚至大海雀身体里的脂肪，也很可能成了船员们用来点油灯的燃料。

不仅如此，大海雀拥有保温性能极佳的羽绒。欧洲富人对羽绒枕头、羽绒被、羽绒服趋之若鹜，屠刀残酷挥来，在每一个蓬蓬松松的温暖背后，成堆成堆被扔到热锅里烫死的大海雀们，尸骨未寒。

适得其反的“保护”

最讽刺又令人扼腕叹息的是，19 世纪初，大海雀数量已经锐减到引起人们注意的地步了。当时欧洲很多博物馆都在高价求购大海雀的标本，好通过展出标本向公众宣传这一濒临灭绝的物种，唤起大家的保护意识。

然而，适得其反，金钱催生了更为暴风骤雨般的捕杀。

1844 年 7 月 3 日，最后一对大海雀在孵蛋期间被杀害。那些来得太晚、想要留住大海雀的欲念，成为将它们赶尽杀绝的最后一柄利刃。

13

珊瑚裸尾鼠：孤岛上的孤独动物

说到灭绝动物，大家可能觉得很遥远，好像都发生在几个世纪前，甚至远古时代。实际上，我们正在目睹许多物种的灭绝过程。将来，我们还会接二连三地挥手送别更多种动物。

就在 2016 年，又一种可爱的小动物永远离开了我们。这种因为灭绝而进入大众视野的动物叫作荆棘礁裸尾鼠，也叫珊瑚裸尾鼠。它是澳大利亚的特有种，仅仅分布在托雷斯海峡的一小块叫作布兰布尔礁的珊瑚礁岛上。

孤独的萌鼠

珊瑚裸尾鼠在鼠科动物中算得上大个头了，身体长 14.8~16.5 厘米，再加上一条跟身体差不多长的尾巴。跟其他鼠类比起来，它不仅个头大、尾巴长，而且耳朵更短，脚更大。

裸尾鼠，顾名思义，尾巴是秃的，没有毛发覆盖，但是有粗糙的鳞片。不仅如此，它的尾巴末端还可以像手一样抓握东西。它是杂食动物，爱吃马齿苋和海龟蛋。

珊瑚裸尾鼠虽然生活在一个小岛上，但它更喜欢有植被的地方，并且还要想方设法避开有许多海鸟聚集的地方。这样一来，本来就不大的小岛，适合它们生存的地方就更小了，只有大约 2 万平方米，也就差不多三个足球场的大小。所以珊瑚裸尾鼠也被称为澳大利亚“最孤立的哺乳动物”。

小贴士

大陆桥

也称为“陆桥”。是由于（冰川期）海平面下降、板块构造等原因而出现的、能够连接两块大陆的海中地峡或高地。有了大陆桥之后，原来被海水分隔的大陆被连通，原来在两块大陆上各自生活的动植物得以互通和交流。

许多生物地理学家认为，澳大利亚和巴布亚新几内亚之间在冰河时代（更新世）有大陆桥连接。到约1万年前全新世到来时，冰川融化使海平面上升，大陆桥消失，其地势较高的部分变成今天的托雷斯群岛。

人类又失去了一个伙伴

科学家们至今也没弄清楚珊瑚裸尾鼠是如何出现在一个小海岛上的——有人认为它们是乘着浮木从巴布亚新几内亚过来的；也有人认为它们是澳大利亚和巴布亚新几内亚还以大陆桥连着的时候残留下来的动物。可惜，这个谜底也许再也没有机会揭开了。

珊瑚裸尾鼠最早是被查尔斯·班菲尔德·尤尔船长于 1845 年发现的，那个时候的珊瑚裸尾鼠还有很多，多到他的船员甚至为了寻开心而去用弓箭射它们。到了 2008 年，种群数量调查显示，珊瑚裸尾鼠只有不到 100 只了。它们最后一次被看到是在 2009 年，随后 2011 年的调查就再也找不见它们的踪影了。

2016 年 6 月，澳大利亚昆士兰州政府与昆士兰大学的调查确认了珊瑚裸尾鼠的灭绝，世界自然保护联盟（IUCN）也正式宣布它的灭绝。

直到 2019 年 2 月 18 日，澳大利亚政府向大众宣布了这个坏消息，全世界才知道有这么一种可爱而又孤独的小老鼠和我们说再见了。

不想当这样的“第一”

让它们受到特别关注的，是它们灭绝的主要原因——全球变暖。

由于人类的活动，全球气候正在发生很大的变化。由此造成的海平面上升和极端天气情况，致使布兰布尔礁多次被海水淹没。可想而知，只能生活在这里的珊瑚裸尾鼠遭受到灭顶之灾。在全球已知的已灭绝动物中，珊瑚裸尾鼠是第一种主要因为气候变化而灭绝的动物。

以这样一个原因而出名，确实挺让人心酸的。但也许珊瑚裸尾鼠以它的灭绝为人类敲响了警钟——希望人们在寻求发展的同时，也多多思考自己的行为会造成什么样的后果。一次小小的行动、一个小小的习惯或许就能拯救许多个生命。

里海虎：你的威武雄壮空留传说

大家应该都知道东北虎、华南虎、孟加拉虎……除了这些老虎，大家听说过里海虎吗？没听说过也不奇怪，因为这种虎已经灭绝了。

里海虎又叫新疆虎、波斯虎。听这些别名就知道里海虎曾经分布在中国新疆，西亚和中亚的一些国家，比如伊朗、伊拉克、阿富汗、土耳其、哈萨克斯坦、吉尔吉斯斯坦，以及蒙古和俄罗斯等，也是西亚和中亚地区分布的唯一一种虎。

世界上一共有几种虎?

先考考大家，世界上一共有多少种虎?东北虎、华南虎、里海虎、孟加拉虎……不用数了，答案是——1 种！那前面数的这么多种又是怎么回事?这里就要搬出“物种”和“亚种”的概念了。

物种，简称“种”，是指一群可以交配并繁衍后代的个体。不同物种之间的个体是不能繁衍的，即使能交配生下宝宝，宝宝也是没有生育能力的——就好比马和驴交配能生下骡子，但是骡子不能繁殖后代。

“亚种”是种的次级分类单位，指的是某种生物由于生活在不同的地区，受到了所在地区环境的影响，在形态结构和生理机能上发生了一些变化，从而与其他地区的种群产生了不同，就形成了不同的亚种。

全世界只有 1 种虎，分为 9 个亚种，分别是东北虎（西伯利亚虎）、华南虎、孟加拉虎、苏门答腊虎、印支虎、马来虎、爪哇虎、巴厘虎和里海虎。

小贴士

变种

与亲代（上一代）不同，产生差异性变异，称为变种。

威武雄壮又神秘的里海虎

里海虎曾是世界上第三大虎，体型仅次于东北虎和孟加拉虎。它的毛色和花纹跟其他虎亚种相比是有一些差别的，总体来说，底色更鲜亮，条纹更窄、更饱满、更靠拢。它身上的条纹是棕色的，头上、脖子上、背上和尾巴尖上的条纹是黑色的。

里海虎在中国新疆的分布主要集中在塔里木盆地、玛纳斯河和罗布泊等地区，它们喜欢茂密的胡杨林和河畔的芦苇丛。非常可惜的是，对于里海虎，我们了解得很少，没有足够的资料去研究认识它。只能推测，里海虎爱吃野猪、狍子、马鹿等动物。它们为了追逐猎物，会在很大的范围内徘徊，并且会跟踪迁徙的有蹄类动物，从一个草场到另一个草场。

虎家族的危机

新疆分布的里海虎早在20世纪20年代就不见了踪影，随后中亚、西亚很多国家的里海虎也相继消失。据记载，最后一只里海虎出现在1998年，阿富汗和塔吉克斯坦的边界地区。2003年，世界自然保护联盟（IUCN）正式宣布里海虎灭绝。

其实，不止是里海虎，9个虎亚种中，巴厘虎和爪哇虎也已经灭绝，现在仅剩6个亚种。而这6个亚种的生存也面临着巨大的威胁。

里海虎的灭绝与环境的退化有很大关系。在新疆，里海虎所分布的罗布泊地区由于土地沙漠化，森林和湿地减少，里海虎爱吃的野猪和其他动物也渐渐减少。没有了食物，里海虎自然也难以生存下去。再加上盗猎的猖狂，所剩无几的里海虎没能幸免于难，最终走上了灭绝的不归路。

里海虎已经离我们而去，我们无法挽回，但是对于还现存的6个虎亚种，我们要好好保护，坚决抵制虎骨、虎皮等虎制品。保护动物，从我做起。

台湾云豹：再见了，美丽的大猫

在这里和我们说再见的，是一种非常美丽的大猫。
它也拥有一个美丽的名字——台湾云豹。

认识一下豹属家族

说起豹，很多人都会想到猎豹——它是奔跑速度最快的动物。但是要告诉大家的是，猎豹和云豹区别很大。猎豹和云豹都是猫科动物，但却分属不同的亚科，猎豹是猫亚科，云豹是豹亚科。所以严格来说，猎豹并不是豹。

豹亚科又分为豹属和云豹属。在分类学上，狮子和老虎都是豹属成员——这大概是很多人没想到的吧。豹属家族成员除了狮子、老虎，还有花豹、美洲豹和雪豹。我们一般所说的豹，通常还是指花豹（在亚洲地区也被叫作金钱豹，因为它们身上的花纹像铜钱）。

有云朵斑纹的漂亮大猫

台湾云豹是云豹的一个亚种，只分布于我国的台湾岛，所以以台湾来给它命名。

它很美丽，身体是黄褐色的，身上有黑色或灰色的条纹或斑点。最有特点的还是身体两侧像云朵一样的斑纹，这也是它名字的来源。

云豹比豹属家族的其他成员都要小，一般体长 1

米左右，再加上 0.8 米左右的尾巴，身形秀气矫健，善于爬树，其身上的云状斑纹就像树冠投下的阴影，能够将自己很好地隐藏起来。再加上它们昼伏夜出，只在捕食地面上的小动物时才会从树上下来，所以想目击一次台湾云豹是非常难的。

迷雾重重的台湾云豹

台湾云豹虽然很早就出现在台湾的传说故事中，但第一次真正进入公众视野是在 1862 年，台湾云豹被正式命名和记录进科学文献中。但在那之后的很长一段时间内，只有猎人的只言片语和偶尔的目击还宣告着它们的存在，学者们却并没有见到真正的、活着的个体。直到 1983 年，一位研究员在一个猎人的陷阱里发现了一只台湾云豹的幼体，但不幸的是，它已经死亡了。

甚至关于台湾云豹是否是云豹的一个亚种也出现了争议。为台湾云豹命名的依据是买来的两张云豹毛皮，其尾巴比生活在中国大陆的云豹的尾巴短，所以被认为是一个亚种。但后来从一个台湾云豹标本中提取的 DNA 的研究表明，这只台湾云豹和中国大陆的云豹并没有有亚种的区别。台湾云豹究竟是不是单独的一个亚种或许将永远成为一个动物界的悬案。

艰难的寻踪之路

进入 21 世纪后，美国和中国台湾的科学家对台湾云豹展开了全面调查。2000 年至 2004 年，学者们在台湾云豹可能生活的地方设立了 200 多个毛发陷阱（利用特殊气味吸引动物靠近，借机刮取动物的毛发以做分析）和 300 多个红外相机，调查到了很多野生动物，唯独没有台湾云豹的踪迹。截至 2012 年底，1200 多个相机调查点位、累计超过 11 万天的监测都没能拍到台湾云豹的任何影像，学者们有理由相信这种美丽的大猫确实是灭绝了。

尽管 2019 年有居民声称看到了台湾云豹（未能证实），但它们灭绝的命运仍然很难改写。如此美丽又神秘的动物，是一个亚种也好，是一个生活在台湾岛的种群也好，它们的消失都是令人心痛的，没有机会解开它们身上的一个个谜团也是莫大的遗憾。

平塔岛象龟：孤独的乔治

孤独的乔治是一只平塔岛象龟。

为什么叫它“孤独”的乔治呢？因为它不仅没有伴侣，没有子嗣，也没有同伴——它是它们这个物种的最后一只，真可谓“百年孤独”。

龟中巨人——加拉帕戈斯象龟

象龟，正如其名，粗壮的龟腿看起来很像大象的腿。大象是陆地上最大的哺乳动物，象龟则是陆龟家族中最大的一种。其中，又属加拉帕戈斯象龟最大，重400多千克，相当于七八个成年人的体重。象龟的寿命也是位于动物界前列的，平均寿命超过100岁。

平塔岛象龟生活于厄瓜多尔的平塔岛，所以有了这个名字。平塔岛是加拉帕戈斯群岛中的一个小岛，平塔岛象龟也是加拉帕戈斯象龟中的一种。

等等，平塔岛象龟？加拉帕戈斯象龟？到底谁是谁？不着急，听我慢慢解释。加拉帕戈斯群岛，意思就是“龟之岛”，上面曾经生活着数以万计的巨型陆龟。以前，人们认为这些超大型的龟都是同一个物种，分属不同的亚种。后来，分子学研究显示，这些亚种差异比较大，可以独立成“种”。

所以，其实加拉帕戈斯象龟并不是一个物种，而是15种陆龟的统称。但是存活至今的只有11种，平塔岛象龟就是已经灭绝的4种之一。

走近平塔岛象龟

平塔岛象龟每天要休息 16 个小时，知道它为什么这么长寿了吧，生命在于静止！哈哈开个玩笑。

它们是食草动物，爱吃青草、水果和仙人掌。虽然它们是食草动物，但是它们对于整个岛的生态系统起到了重要作用——因为它们吃下果子后排出种子，就能帮助植物传播种子了；另外，它们吃草也为营养物质的循环做出了贡献。

平塔岛象龟还有一个厉害的本领，那就是它们能一次性喝大量的水，并把水储存在身体里供以后使用。更厉害的是，它们能够 6 个月不吃不喝！它们这么庞大的身躯竟然可以不吃不喝那么久！是不是很难想象？

虽然平时不爱动，但是有件事一定会让它们活跃起来，那就是寻找配偶、繁殖后代。每年的 1 月 ~ 5 月天气较热（南半球的季节与北半球相反），这些大家伙们会因为繁殖而变得活跃起来；而到了凉爽的季节（6 月 ~ 11 月），雌龟们就返回筑巢地下蛋了。

孤独的乔治

1971 年 12 月 1 日，乔治被匈牙利的一位软体动物学家发现。为了它的安全，人们把它与另外两只不同种的雌龟一起养在圣克鲁斯岛的达尔文研究站。雌龟虽然下蛋了，但是蛋并没有孵化出来。

在后来的几十年里，人们尝试找了很多不同种的雌龟与它一起繁殖，可惜都没有成功。不仅因为人们找不到与它同一物种的雌龟，也因为它无法与其他相近种的雌龟进行繁殖。

于是，孤独的乔治就这样一直孤独地过下去。直到 2012 年 6 月 24 日，加拉帕戈斯公园的管理员，也是照顾了乔治 40 多年的守护人发现乔治永远地睡着了。它的死亡也宣告了平塔岛象龟整个物种的灭绝。

小贴士

达尔文研究站

圣克鲁斯岛是加拉帕戈斯群岛里的一个岛屿。加拉帕戈斯群岛面积的 90%都是加拉帕戈斯公园，达尔文研究站就在加拉帕戈斯公园里，两者是协作的关系。孤独的乔治一直生活在达尔文研究站。

被人类改变的种群命运

平塔岛象龟的灭绝主要是因为“人祸”。

17 世纪开始，许多过往船只把加拉帕戈斯群岛当作补给站。平塔岛象龟因为个头大、可以几个月不吃不喝也能存活，被当作完美的肉食来源。不仅是人，人带来的老鼠和山羊也威胁到了它们的生存：老鼠偷吃龟卵和幼龟，山羊几乎把岛上的植被吃了个精光……这些因素几乎堵死了平塔岛象龟的所有活路，最终导致了平塔岛象龟的灭绝。

孤独的乔治对普通大众来说也许只是一个悲伤的、令人动容的故事。但乔治用它孤独的一生为我们敲响了物种保护的警钟。

金蟾蜍：美丽的“癞蛤蟆”

一说到蟾蜍，也就是俗称的癞蛤蟆，大家可能就会想到灰不拉叽、满身疙瘩的丑家伙。但是这里要讲的，是一种美丽的、全身金黄色的金蟾蜍——它可不是商人喜欢摆在店里的口含铜钱、脚踩金元宝的招财兽，而是真实存在的一种两栖动物。

现身仅 23 年的金蟾蜍

1966 年，一位爬虫学家发现了这种美丽的蟾蜍，世人才知道有这么一种美丽又与众不同的蟾蜍。它的与众不同不仅在于雄性全身亮眼的金黄或橘黄，还在于雌性与雄性体色差异非常大。雌性金蟾蜍的颜色丰富，底色为黄绿色至黑色，还点缀有中间红色、边缘黄色的圆斑。

与人们印象中硕大、满身疙瘩的常见蟾蜍不同，雄性金蟾蜍有着光泽亮丽的皮肤，小巧的身材，身长仅四五厘米，看起来格外可爱。

金蟾蜍生活在哥斯达黎加北部的云雾森林里。它们的分布区十分狭小，只有大约 8 平方千米。它们一生中的绝大多数时间都是在地下的洞穴里度过的，尤其是在缺水的旱季。所以，尽管金蟾蜍非常美丽，但实在是难得一见。

然而，就在人们刚刚认识它们 23 年后，也就是 1989 年，世界自然保护联盟（IUCN）正式把金蟾蜍分到“灭绝”一级中。

繁殖期才现身的金蟾蜍

每年3~4月，大雨降临。雨水落到地上，形成了一个又一个浅浅的水坑。别小看这些小水坑，它们可是新生命开始的地方。因为雨水的“赴约”，雄性金蟾蜍才从洞穴中出来，聚集起来，一只守着一个小水坑，等着雌性“赴约”。只要有一个同类经过，它们就会紧紧抱住对方，也只有这样，它们才能辨别出对方的性别。如果是雌性，那么它们就会开始抱对，直到雌蟾蜍产卵。

回到上一段的开头，雄蟾蜍为什么要占据一个小水坑？当然是为了产卵啊。和我们常见的癞蛤蟆一样，金蟾蜍也把卵产在水坑里。在繁殖季节，每对金蟾蜍每个星期都会产下 200~400 枚卵，整个繁殖季节大约会持续 6 个星期。所以在整个繁殖季节里，金蟾蜍的产卵量还是挺大的，但是卵的存活情况跟雨的大小很有关系：雨太大，会把卵冲跑；雨太小，卵还没来得及孵化，水坑就干了。

除了雨水，金蟾蜍还面临着一个难题，那就是雄性的数量比雌性的数量多出很多，雌雄之间的数量比甚至达到了 1∶8……所以那些没有得到交配机会的“单身汉”经常会攻击正在抱对的小夫妻。

蛙壶菌的成长日记

第1阶段：有鞭毛的游离孢子形成

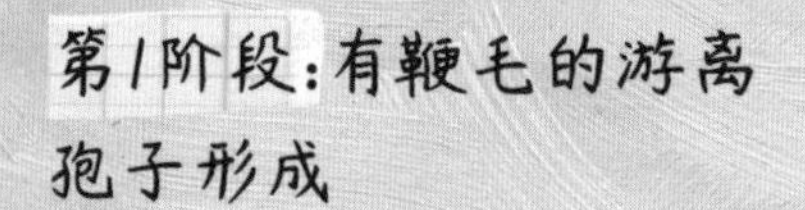

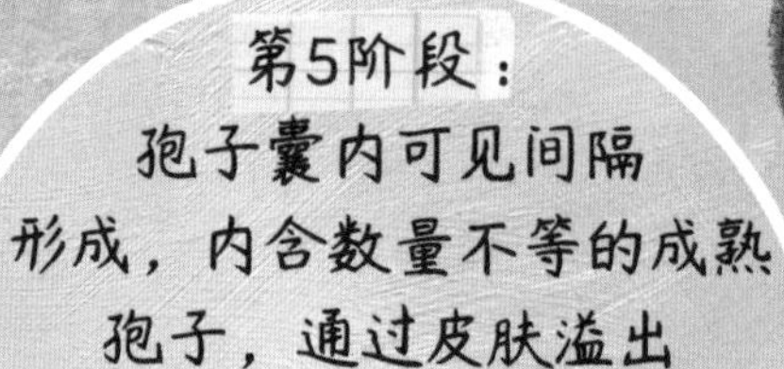

第4阶段：孢子囊内可见孢子及明显的排出管

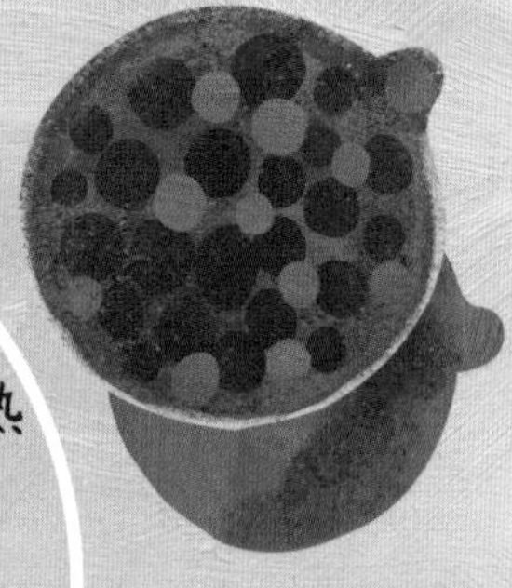

第5阶段：
孢子囊内可见间隔形成，内含数量不等的成熟孢子，通过皮肤溢出

第2阶段：靠近两栖类动物，渗透皮肤吸取养分

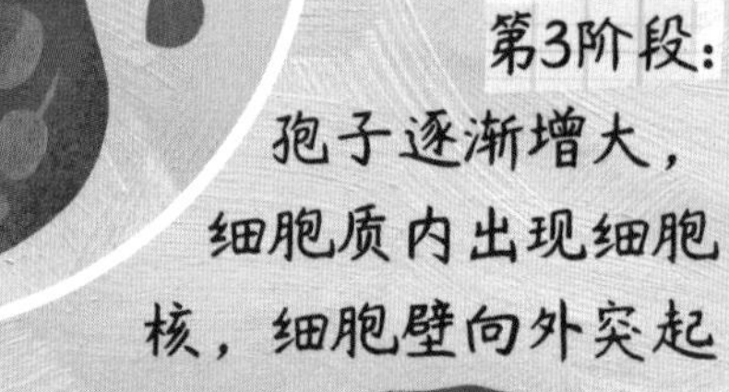

第3阶段：
孢子逐渐增大，细胞质内出现细胞核，细胞壁向外突起

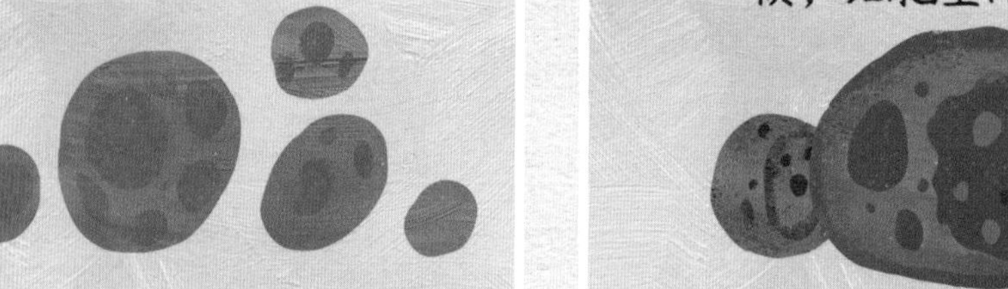

干旱还是真菌感染？

最后一只金蟾蜍的身影出现在 1989 年 5 月 15 日。

人们一开始把金蟾蜍的消失归咎于 1987~1988 年发生的严重旱灾，后来科学家们又提出不少假设——全球变暖、空气污染以及壶菌病。

当时人们并不知道蛙壶菌的存在。后来科学家们研究发现了这种可怕的真菌——蛙壶菌，它已经使 500 多种两栖动物数量下降，其中 90 多个物种已经完全消失，这其中也包括金蟾蜍。

生命真的好脆弱。一场干旱、一种小小的真菌都可以置之于死地。我们所能做的，就是尽我们所能保护好还存活着的那些可爱生灵。

夏威夷乌鸦：海岛很美，你却有家难回

乌鸦是大家都很熟悉的动物。无论是在寓言故事里，还是在我们生活的城市中，大家对它的印象可能是全身乌黑、聪明又大胆，还有那标志性的、略显聒噪的“啊——啊——啊——”的叫声。

可能很多人都觉得乌鸦数量很多，不会想到它们也会灭绝。但事实是，有一种乌鸦——夏威夷乌鸦，已经野外灭绝了。

什么叫野外灭绝？

野外灭绝，顾名思义就是在野外绝迹了、没有了。但与“灭绝”不同的是，它还有人工圈养的种群。比如，大家都比较熟悉的中国特有动物——麋鹿，也是属于野外灭绝。

除此之外，还有“功能性灭绝”，这个概念就要复杂一点了。因为“灭绝”的定义是该物种的最后一个个体死亡，但这一点是非常难确认的。所以一些动物，比如白鳍豚，虽然 2006 年的调查没有发现任何白鳍豚的影子，但是我们也无法确定它就完全销声匿迹了，所以把白鳍豚称为“功能性灭绝”。简单来说，就是即使还存在一些白鳍豚个体，但是这个物种也不能继续繁衍生息下去了，它们在生态系统中的功能也已经丧失，最终会走向灭绝的道路。

野外灭绝的物种虽然还存在一些人工养殖的种群，但是野化放归仍然很艰难，最后也许仍会走向灭绝。

小贴士

野化放归

长期生活在人工环境中或者人工繁殖的动物会失去野外生存的能力，比如不会捕食、不会躲避天敌等，需要经过人为的训练，学习野外生存的技能，才能放归到其自然生境中。

曾经生活在夏威夷岛的乌鸦

夏威夷乌鸦是以它的分布地来命名的。它们曾经遍布夏威夷的所有主要岛屿，后来仅分布于夏威夷西部和东南部的岛屿，而现在，仅存在于人类为它们建立的场地里。

夏威夷乌鸦是夏威夷特有物种，也是鸦科鸟类中最濒危的一种。它体长48~50厘米，全身几乎全黑，只有翅膀上有一些深棕色。

夏威夷乌鸦是杂食性的，只要能吃的基本都吃：什么树叶、果实、花、昆虫、其他小鸟的鸟蛋，甚至老鼠和小的亚洲猫鼬也在它们的食谱之上。有意思的是，它们采取的吃食方式是啄木鸟式的，也就是把树皮或者树枝上的苔藓剥下来，从而露出里面的昆虫。

大家都知道乌鸦很聪明，夏威夷乌鸦也不例外。科学家研究发现，夏威夷乌鸦会用小棍子把食物从洞里拨出来，而且这是一种天赋，不用学习、不用训练，自然而然就会了。

有家难回

虽然乌鸦给大家的印象都是很聪明、很强悍的，而且十分常见，但是夏威夷乌鸦因为种种原因已经在野外绝迹。

首先，夏威夷乌鸦本身种群数量小。

其次，和大多数不怕人，甚至会欺负人的乌鸦不一样，夏威夷乌鸦无法适应人类的存在。有些农民会射杀它们，因为觉得它们会捣毁庄稼（基于人类对乌鸦的固有印象）。还有人类活动对它们栖息地的破坏，致使夏威夷乌鸦很容易暴露在天敌的利爪下，尤其是还不会飞的雏鸟，猫、狗和亚洲猫鼬都是危险的雏鸟天敌。

另外，一种外来的寄生虫病——禽疟也对夏威夷乌鸦造成了严重的威胁。通常来说，这种病并不会杀死寄主，但是在夏威夷这种相对封闭的环境中，夏威夷乌鸦无法通过进化变异来获得抵抗力。

2002 年，已知的最后两只野生夏威夷

乌鸦消失了，它们被宣布野外灭绝。根据2014年的数据，还有115只夏威夷乌鸦生活在圣地亚哥动物园的两个繁殖基地。

为了保护和拯救整个物种，人们做了不少努力和尝试，比如人工繁殖、野外放归和保护它们原本的栖息地。但不幸的是，大部分人工繁殖的尝试都失败了。

野外放归也是艰难的——2016年12月，5只雄性亚成鸟被放归野外，仅仅1个星期内就死了3只。随后，2017年和2018年，又分别有5只被放归，幸运的是，这两次似乎是成功的。

但是，夏威夷乌鸦的回家之路仍然充满艰险。栖息地的环境、天敌、繁殖、捕食都是难题，希望在科学家和相关人员的努力下，夏威夷乌鸦能够早日回家并繁衍生息！

小贴士

亚成鸟

介于幼鸟和成鸟之间的阶段，可以独立捕食，有的已经脱离了母亲的照顾，但是还未性成熟。但并不是所有的鸟都有亚成体阶段。

19

大鳞白鱼：因为湖干涸而灭绝的鱼

如果一个湖干掉了，没有水了，那么湖里的鱼会怎么样？

毫无疑问，会死掉。但因此而致使整个物种都灭绝，那确实有点夸张。

可悲的是，这不是个玩笑。大鳞白鱼就因为一个湖的干涸而灭绝了。

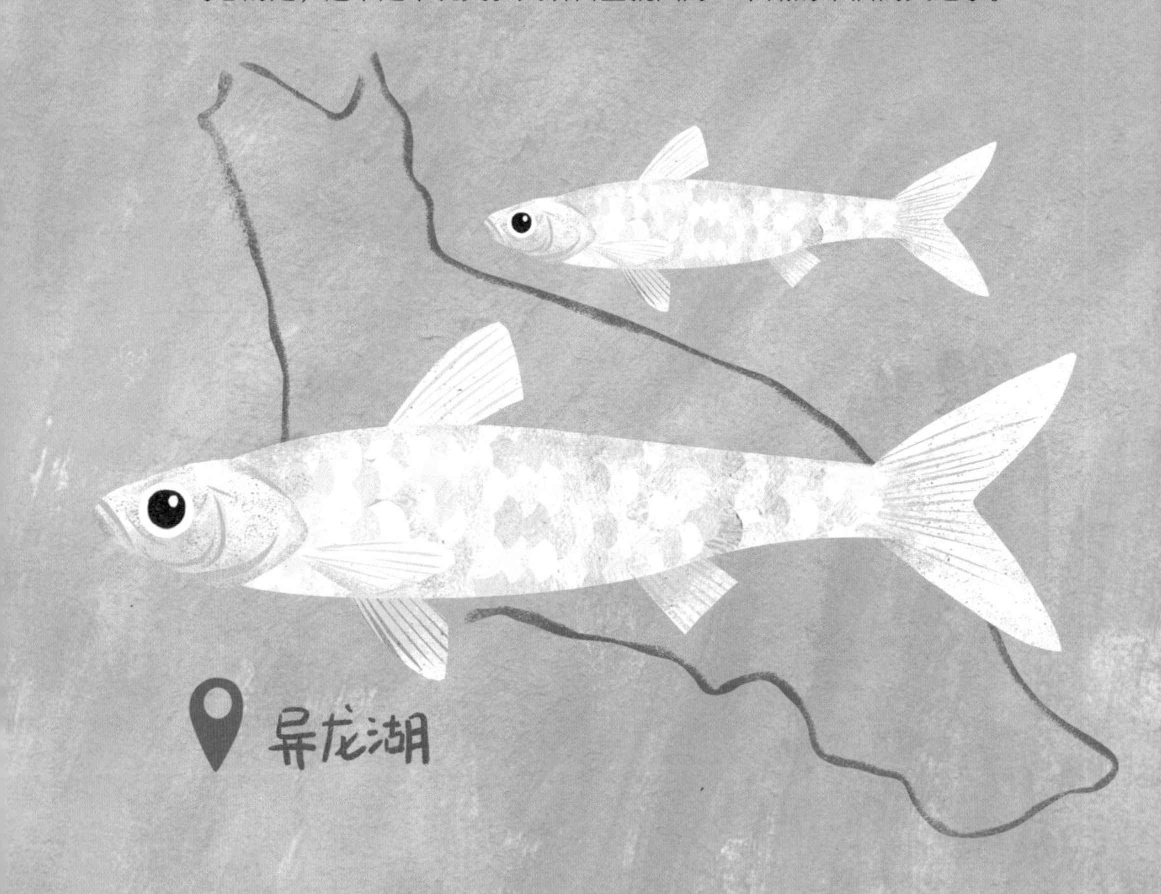

普通却不平凡的大鳞白鱼

大鳞白鱼是我国特有的淡水鱼类，仅分布于云南的异龙湖。如此狭窄的分布区域也许就已经为它埋下了一颗灭绝的种子。

大鳞白鱼属于鲤科白鱼属。它身材不大不小，体长 15 厘米左右；长相也很普通，没有华丽的外表，没有斑斓的色彩，全身银白色，看起来就是一条普普通通的鲤鱼。然而它独特的分类地位和挑剔的生存环境，注定了它的不平凡。

从非常有限的资料中，我们了解到大鳞白鱼体型稍扁，头后背部隆起，腹部的线条呈弧形。从腹鳍基部到肛门之间还有一条腹棱。它嘴巴的位置比较靠上——其实，从鱼儿嘴巴的位置，我们就能推断出它们喜欢在什么水层活动，喜欢吃什么。嘴巴位置靠上，说明大鳞白鱼生活在水的中上层，喜欢吃同样生活在中上层水域中的浮游动物及小虾。

湖水干涸而带来的灭顶之灾

异龙湖位于云南省石屏县境内，是云南省九大高原湖泊之一。如果你去云南旅游，或许能看见它烟波浩渺、荷花盛开的美丽景象。但在 30 多年前的 1981 年，异龙湖连续干涸 20 多天，湖里的许多生物死亡，更是直接造成了大鳞白鱼的灭绝。更悲惨的是，不止大鳞白鱼，同样仅分布于异龙湖里的异龙鲤也遭到了灭顶之灾……一个湖的干涸，造成了两种中国特有鱼类的灭绝，不得不说是动物史上的惨剧了。

好端端的一个湖，为什么会干涸了呢？ 20 世纪 70 年代，人们抱着“人定胜天”的信念，大兴“围湖造田”；再加上青鱼湾隧道的凿通，湖水被大量引入红河水系。就这样，良田多了起来，曾经储水量达 2 亿立方米的异龙湖却日益萎缩，终于在经过连续 3 年的干旱后，异龙湖彻底干涸，长达 20 余天。

虽然后来异龙湖重新恢复了生机，但是灭绝的鱼儿们却再也回不来了。无独有偶，茶卡高原鳅仅分布于青海省乌兰县的一条流入茶卡盐湖的支流中，也是因为这条河流的干涸而灭绝。

灭绝，也许就在一瞬间

看过前面那么多文章，大家也许有一个感受：不管一种动物分布广泛，还是狭小；不管是美丽可爱，还是普通平凡；不管是凶猛的食肉动物，还是温柔的食草动物……生命真的好脆弱，一次涨水，一次干涸，都可能令它们彻底灭绝。无论是直接捕猎食用，还是相安无事，人类在这其中都扮演了重要的角色，是物种灭绝的推手。

在一个个物种灭绝的背后，我们人类的生存环境正在恶化，我们人类赖以生存的地球日益枯萎，最终食恶果的还将是我们人类。所以，保护动物，也是保护地球，更是保护我们人类自己。

复活的假象

人工复活物种通常只是《侏罗纪公园》里的科学幻想，以目前的科技手段难以实现。然而新闻和网络上不时流传着各种“奇迹”，声称已经灭绝的物种重现江湖。白鳍豚在长江中出现；绝迹300年的海燕“复活新生”；灭绝13万年的秧鸡经过“重复进化”在老地方以老样子生活……这些奇迹是真实的吗？就让我们用IUCN的标准衡量一下吧。

传言1：白鳍豚复活？
耸人听闻指数：★

2006年，两艘科考船历经38天、3400公里的航程，未能发现一头白鳍豚，中外媒体纷纷打出了“中国长江白鳍豚已灭绝”的标题。2007年，安徽铜陵市民用DV记录下了一头淡水豚跃出长江水面的场景，并经武汉中科院水生生物研究所的专家证实为白鳍豚。之后的2011年、2016年和2018年都有过疑似的目击报道，那么，白鳍豚这个物种是不是死而复生了？

其实，当年科考结束时，科学家认为白鳍豚属于功能性灭绝，认定它是“可能灭绝”的“极危”物种，要宣告灭绝还需等待 50 年或更久。几年才出现一回的目击事件，不能作为物种复活的证据，反而从一个侧面证实它们数量过少濒临灭绝。

传言 2：麋鹿复活？
耸人听闻指数：★

原生于中国长江中下游的麋鹿，20 世纪初就在本土绝迹。然而从 20 世纪 80 年代起，经过科学家的努力，麋鹿种群在原栖息地实现了复兴。2020 年，江苏大丰麋鹿保护区中的种群数量达到 5681 头，其中野生种群 1820 头。很多人声称，这种灭绝动物复活了，就目前的数量来说，已经不属于濒危，只能算是珍稀物种。

其实，麋鹿曾是“野外灭绝”的著名物种。它们在汉朝时就很稀有了。清朝末年，皇家猎场里还豢养着少量麋鹿。在它们于本土绝种之前，一些西方传教士将其中的几头带到欧洲，繁殖出几百头。20 世纪

80 年代，几十头鹿子鹿孙被送还中国，并在中国科学家的努力下，经过引种扩群、半散放养、回归自然，发展到如今的规模。它们确实在很长时间里都濒临灭绝，但一直有少量成员被人类圈养。野外麋鹿的复兴告诉我们，经过科学的人工干预，濒危物种能够恢复活力。

传言 3：百慕大海燕复活？
耸人听闻指数：★★

百慕大海燕是生活于百慕大群岛的夜行性鸟类，因为叫声诡异被人猎捕，而且受当时殖民者带来的鼠、猫、狗侵扰，在 17 世纪初就宣告灭绝。它们在其后的 300 年都踪迹全无，却于 1951 年重新在百慕大的小岛现身，而且有 18 对之多，是网络上流传很广的复活物种。

像百慕大海燕这样的动物，常常是“藏得太深”的功能性灭绝物种，它们不但数量少，还常常躲藏在与世隔绝的小岛、人迹罕至的密林或者深深的海底。

这类少而不绝，时隔成百上千年又被人从失落的世界“挖”出来的物种，被科学家叫作“拉撒路物种”。很多活化石，比如南非深海的拉蒂迈鱼也被归于此类。

传言 4：阿尔达布拉秧鸡复活？
耸人听闻指数：★★★

印度洋在过去的 40 万年里频繁涨落，数次将塞舌尔群岛的阿尔达布拉环礁彻底淹没。最近的一次“没顶之灾”发生在距今 13.6 万至 11.8 万年前，当时的岛上生活着一种不会飞的秧鸡。它们无处可逃，最终全军覆没，大水退去后只有化石被保留下来。可神奇的是，如今岛上又有了与当时一模一样的白喉秧鸡，

还是不会飞，就像十几万年前灭绝的幽灵又有了实体。

如今的白喉秧鸡广泛分布在西南印度洋海域，有会飞、飞行能力弱、完全不会飞3个亚种。飞行的能力有助于鸟儿找寻食物，躲避天敌，但同时它又是一种极其耗能的活动。阿尔达布拉岛与世隔绝，在海平面比较低时，这里对于秧鸡来说就是一个食物充足、没有天敌的乐园。会飞的秧鸡抵达这里后，会因为突变产下翅膀发达和不发达的不同后代。既然无需寻寻觅觅、躲躲藏藏，拥有大翅膀、能飞的比起腿粗毛亮、善于奔跑的，就落了下乘。自然选择让后者留下更多后代，最终在这个乐园里一统江湖。

然而这是个隐藏杀机的乐园。十几万年前，海水将当时的那批不飞鸟清扫出局。等环礁再次露出海面将自己粉饰成乐园时，从其他岛飞来的姐妹种类又来阿尔达布拉定居，再次由于自然选择的作用，演化成不会飞的种类。这种在先前的物种灭绝后，由与它相似的源物种在相同环境下趋同演化出的形态近似种，被科学家叫作“猫王物种”。斯人已逝，后来的相似面目只是进化之路上的“模仿秀”罢了。

“少年轻科普”丛书

当成语遇到科学

动物界的特种工

花花草草和大树，
我有问题想问你

生物饭店
奇奇怪怪的食客与意想不到的食谱

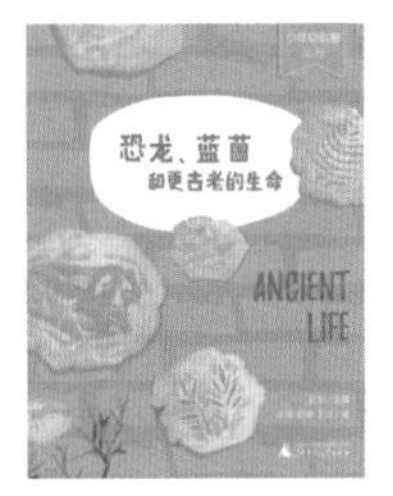

恐龙、蓝菌和更古老的生命

我们身边的奇妙科学

星空和大地，
藏着那么多秘密

遇到危险怎么办
——我的安全笔记

病毒和人类
共生的世界

灭绝动物
不想和你说再见

细菌王国
看不见的神奇世界

好脏的科学
世界有点重口味

当小古文遇到科学

当古诗词遇到科学

《西游记》里的博物学

博物馆里的汉字